# ...IONS

...COURT

PARIS

...ANDRÉ-GUÉDON...

RUE ... 15.

# SOLUTIONS

## DES

## EXERCICES PROPOSÉS DANS L'ARITHMÉTIQUE

A L'USAGE

DES CLASSES ÉLÉMENTAIRES

PAR MM.

### PH. ANDRÉ & A. HAILLECOURT

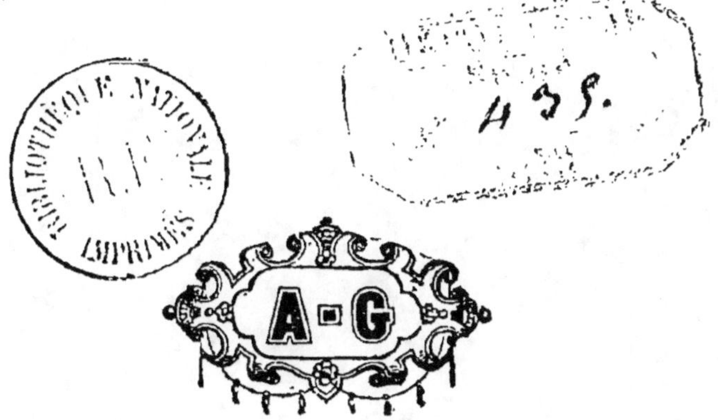



PARIS

LIBRAIRIE CLASSIQUE F.-E. ANDRÉ-GUÉDON, ÉDITEUR

SUCCESSEUR DE M<sup>me</sup> V<sup>e</sup> THIÉRIOT

15, RUE SÉGUIER, 15.

1875

Paris. — Impr. VIÉVILLE et CAPIOMONT, rue des Poitevins, 6.

# SOLUTIONS

## DES EXERCICES PROPOSÉS DANS L'ARITHMÉTIQUE

A L'USAGE

DÉS CLASSES ÉLÉMENTAIRES

## EXERCICES SUR L'ADDITION

43. — 133 pommes.

44. — 398 poires.

45. — 487 prunes.

46. — 680 pêches.

47. — 481 abricots.

48. — 705 mèt. de toile.

49. — 714 mèt. de calicot.

50. — 315 mèt. de drap.

51. — 9024 litres d'eau.

52. — 11381 litres de vin rouge.

53. — 3487 litres de vin blanc.

54. — 4344 litres d'huile.

55. — 12590 litres de froment.

56. — 3160 lit. de seigle.

57. — 20410 lit. d'avoine.

58. — 6650 lit. d'orge.

59. — 7212 lit. de bière.

60. — 2218 chevaux.

61. — 3572 bœufs.

62. — 2837 vaches.

63. — 2582 veaux.

64. — 10742 kg. de pain.

65. — 12131 kg. de viande.

66. — 5710 kg. de sucre.

67. — 7939 kg. de bois.

68. — 72944$^{kg}$. de houille.

69. — 1256 maçons.

70. — 538 charpentiers.

71. — 466 menuisiers.

72. — 2439 cavaliers.

73. — 62857 fantassins.

74. — 996 couteliers.

75. — 574 maréchaux.

76. — 494 serruriers.

77. — 565 tonneliers.

78. — 634 charrons.

79. — 1531 cordonniers

80. — 2498 sabotiers.

81. — 67784 francs.

82. — $133 + 398 = 531$ fruits à pépins.

83. — $487 + 680 + 481 = 1648$ fruits à noyaux.

84. — $531 + 1648 = 2179$ fruits en tout.

85. — $705 + 714 + 315 = 1734$ mèt. d'étoffe en tout.

86. — $11381 + 3487 = 14868$ lit. de vin.

87. — $9024 + 4344 + 7212 = 20580$ litres d'autres liquides.

88. — $14868 + 20580 = 35448$ litres de liquide en tout.

89. — $12590 + 3160 + 20410 + 6650 = 42810$ litres de céréales.

90. — $35448 + 42810 = 78258$ lit. en tout.

91. — $2218 + 3572 = 5790$ animaux servant aux travaux.

92. — $3572 + 2837 + 2582 = 8991$ animaux servant à la nourriture de l'homme.

93. — $8991 + 2218 = 11209$ animaux en tout.

94. — $10742 + 12131 + 5710 = 28583$ kg. de substances alimentaires.

95. — $7939 + 72944 = 80883$ kg. chauffage.

96. — $28583 + 80883 = 109466$ kg. en tout.

97. — $538 + 466 + 565 + 634 + 2498 = 4701$ ouvriers travaillant le bois.

98. — $996 + 574 + 494 = 2064$ ouv. travaillant les métaux.

99. — $1531 + 2498 = 4029$ ouv. faisant des chaussures.

100. — $1256 + 2203 + 2064 + 4029 = 9552$ ouvriers en tout.

101. — $2439 + 62857 = 65296$ soldats.

102. — $9552 + 65296 = 74848$ hommes en tout.

103. — 52 francs.

**104.** — 120 jours.

**105.** — 240 arbres.

**106.** — 561 francs.

**107.** — 1715.

**108.** — 753 + 1871 = 2633 ans en 1880.

**109.** — 454 journées.

**110.** — 1094 francs.

**111.** — 1° 165772 kg. de betterave ; — 2° 9680 kg. de sucre.

**112.** — 1° 275 bottes vendues ; — 2° 2750 kg. vendus ; 3° 192 francs à recevoir.

**113.** — 1° contenance 37 hectares ; — 2° valeur 89500 francs.

**114.** — 1° 54 pour le cheval ; — 2° 16 pour la vache ; — 3° 9 pour le porc ; — 4° 3 pour le mouton ; — 5° 82 pièces en tout.

**115.** — 1° 23 fr. d'œufs ; — 2° 17 fr. volailles ; — 3° 63 fr. beurre ; — 4° 103 fr. en tout.

**116.** — 40020 francs.

**117.** VENTE D'UN PÉPINIÉRISTE.

| | Pomm. | Poiriers | Cerisiers | Noyers. | Péchers. | Abricot. | TOTAUX PAR JOUR. |
|---|---|---|---|---|---|---|---|
| Lundi...... | 11 | 9 | 8 | 7 | 20 | 6 | 61 arbres. |
| Mardi...... | 17 | 12 | 24 | 22 | 25 | 12 | 112 — |
| Mercredi... | 13 | 11 | 17 | 18 | 11 | 9 | 79 — |
| Jeudi....... | 28 | 15 | 21 | 14 | 9 | 18 | 105 — |
| Vendredi... | 15 | 6 | 20 | 10 | 14 | 16 | 81 — |
| Samedi..... | 26 | 13 | 16 | 13 | 19 | 8 | 95 — |
| Totaux de la semaine. | 110 | 66 | 106 | 84 | 98 | 69 | 533 { arbres en tout. |

**118.** — Voir l'Arithmétique.

**119.** — 16 ; — 29 ; — 39 ; — 551 billes.

**120.** — 29 ; — 33 ; — 73 ; — 72 enfants.

**121.** — 35 ; — 58 ; — 54 ; — 69 ardoises.

**122.** — 124 ; — 126 ; — 136 ; — 158 noix.

**123.** — 189 ; — 186 ; — 195 ; — 229 moutons.

**124.** — 1100 ; — 1935 ; — 2231 francs.

**125.** — 18 francs en tout.

**126.** — 35 billes en tout.

**127.** — 53 francs.

**128.** — Quand le 1er du mois est un mardi, le deuxième mardi est le 8 ; le troisième le 15 ; le quatrième le 22 et le cinquième le 29. — Tel jour est le 1er, tel jour le 8, le 15, le 22, le 29.

---

# EXERCICES SUR LA SOUSTRACTION

**129.** — 6 ; — 9 ; — 20 ; — 20 ; — 25 ; — 40 ; — 50 cahiers.

**130.** — 10 ; — 8 ; — 28 ; — 49 ; — 61 ; — 67 ; — 73 règles.

**131.** — 11 ; — 13 ; — 42 ; — 49 ; — 103 noyers.

**132.** — 16 ; — 27 ; — 91 ; — 105 ; — 88 cerisiers.

**133.** — 27 ; — 72 ; — 99 ; — 120 chênes.

**134.** — 64 ; — 49 ; — 198 ; — 635 sapins.

**135.** — 18 ; — 89 ; — 182 ; — 89 ; — 390 ares de pré.

**136.** — 89 ; — 217 ; — 199 ; — 1171 ares de trèfle.

**137.** — 12 ; — 45 ; — 42 ; — 19 faucheurs.

**138.** — 56 ; — 5 ; — 29 ; — 17 moissonneurs.

**139.** — 16 ; — 33 ; — 16 ; — 27 ; — 9 tisserands.

**140.** — 65 ; — 7 ; — 11 ; — 21 ; — 16 bûcherons.

**141.** — 1202; — 2274; — 2689; — 1049 livres cartonnés.

**142.** — 2896; — 1384; — 3700; — 2999 livres brochés.

**143.** — 4379; — 999; — 10299; — 7443 kilog. de blé.

**144.** — 2889; — 1347; — 6291 kilog. d'avoine.

**145.** — 6113; — 4103; — 18895 litres de vin.

**146.** — 11116; — 8594; — 9408 bouteilles de vin.

**147.** — 21189; — 1878; — 58939 kilog. de foin.

**148.** — 11713; — 19139; — 57470 kilog. de paille.

**149.** — 148586; — 291013; — 534291 kilog. d'acier.

**150.** — 50628; — 98685; — 163097 kilog. de fer.

**151.** — 159021; — 99377; — 732559 kilog. de fonte.

**152.** — 1° 218 noyers; — 2° 327 cerisiers.

**153.** — 1° 318 chênes; — 2° 946 sapins.

**154.** — 1° 545 arbres fruitiers; — 2° 1264 arbres destinés aux constructions.

**155.** — 1° 768 ares de prairies naturelles; — 2° 1676 ares de prairies artificielles.

**156.** — 1° 118 faucheurs; — 2° 107 moissonneurs.

**157.** — 1° 101 tisserands; — 2° 120 bûcherons.

**158.** — 1° 7214 livres cartonnés; — 2° 10979 livres brochés.

**159.** — 1° 23120 kilog. de blé; — 2° 10527 kilog. d'avoine.

**160.** — 1° 29111 litres de vin; — 2° 29118 bouteilles de vin.

**161.** — 1° 345 ouvriers travaillant dehors; — 2° 101 ouvriers travaillant à la maison.

**162.** — 1° 82006 kilog. de foin; — 2° 88322 kilog. de paille.

**163.** — 1° 973890 kg. d'acier; — 2° 990957 kg. de fonte.

164. — 354.

165. — 199.

166. — 193.

167. — 348.

167 *bis*. — 9.

168. — 390.

169. — 7894.

170. — 4680.

171. — 5537.

172. — 9430.

173. — 13760.

174. — 7362.

175. — 1389.

176. — 5032.

177. — 65005.

178. — 60418.

179. — 967.

180. — 502.

181. — 69.

182. — 718.

183. — 72.

183 *bis*. — 2637.

184. — 52300.

185. — 1117.

186. — 32.

187. — 31.

188. — 482.

189. — 76 ans.

190. — 108 jours.

191. — 131 ans en 1880.

192. — 3900 kg.

193. — 164 pomm.; 139 poir.; 24 pr.; 170 ceris.; 86 noyers; 39 nèfliers.

194. — 4 francs.

195. — 111 francs.

196. — 500 fr.

197 — 29 kg.; — 9 kg.; — 48 kg.

198. — 5; — 9; — 10; — 10; — 4; — 21; — 10 crayons.

199. — 10; — 10; — 17; — 20; — 16; — 45 plumes.

200. — 50; — 30; — 45; — 73; — 74; — 80 porte-pl.

201. — 30; — 140; — 119; — 108; — 130 canifs.

202. — 15; — 53; — 33; — 60; — 72 élèves.

203. — 148; — 604; — 1349; — 3348 francs.

204. — 11 francs.

205. — 34 francs.

206. — 14 francs.

207. — 1400 bottes.

**208.** — 1765 francs.

**209.** — 10, 20, 30. . . . . . . 90, 100.

**210.** — 11, 22, 33. . . . . . . 110, 121.

**211.** — 12, 24, 36, 48, 60, 72, 84, 96, 108, 120, 132, 144.

**212.** — 378; — 4224; — 2412; — 87732; — 45020.

**213.** — 29400; — 30600; — 56886; — 114168; — 176800.

**214.** — 630; — 23066; — 68432; — 147712; — 318600.

**215.** — 430916; — 764530; — 1924312; — 2646000; 14566084.

**216.** — 75896; — 278415; — 593140; — 997181; — 1511008.

**217.** — 4098276; — 2440200; — 10786036; — 18326898; — 8192205.

**218.** — 51921270; — 136443593; — 221072845; — 3052363608; — 5260440012.

**219.** — 7119349620; — 39651561240; — 456787699560; — 701108672680; — 148918000000.

**220.** — 41310; — 425628; — 6123600.

**221.** — 24609200; — 458772480; — 10002750750.

**222.** — Au premier ouvrier il est dû $3 \times 23 = 69$ fr.
Au deuxième — $4 \times 23 = 92$
En tout. . . . . . . . . . . . 161 fr.

**223.** — $5^m$ de drap à $12^f$. . . . . . $60^f$
$48^m$ de toile à 2. . . . . . 96
$4^m$ de doublure à 1. . . . . . 4
Total fr. . . . . . . . . 160

**224.** — 1 Hl pèse 78 kg.; 4 Hl pèseront $78 \times 4 = 312$ kg. de blé $= 312$ kg. de pain.

**225.** — Pour faire 1 kg. de beurre il faut 28 lit. de lait; pour faire 64 kg. de beurre, il en faudra $28 \times 64 = 1792$ litres.

1.

**226.** —

| | | |
|---|---|---:|
| 28 chap. à 4f. | . . . . . . . . . | 112f |
| 40 — de soie à 7f. | . . . . . | 280 |
| 24 — de soie à 11f. | . . . . . | 264 |
| 65 — de paille à 1f. | . . . . . | 65 |
| 45 — — à 2f. | . . . . . | 90 |
| 30 — — à 3f. | . . . . . | 90 |
| Total fr. | . . . . . . . . | 901 |

**227.** — ŒUFS

| | DE POULES. | DE CANES. | D'OIES. | DE DINDES. |
|---|---|---|---|---|
| Pondus | $52 \times 10 = 520$ | $33 \times 12 = 396$ | $14 \times 7 = 98$ | $25 \times 4 = 100$ |
| Mangés | $12 \times 25 = 300$ | $12 \times 4 = 48$ | $12 \times 1 = 12$ | — — |
| Reste : | 220 | 348 | 86 | 100 |

**228.** —

| | CHARRON. | | MARÉCHAL. | | BOURRELIER. | |
|---|---|---|---|---|---|---|
| | doit | avoir | doit | avoir | doit | avoir |
| | $3 \times 9 = 27$ | 72 | $3 \times 19 = 57$ | 98 | $4 \times 19 = 76$ | 30 |
| | $2 \times 19 = 38$ | | | | | |
| | 65 | 72 | 57 | 98 | 76 | 30 |

RÉPONSE. — Le cultivateur doit au charron 7 fr.;
au maréchal 41 fr. Le bourrelier doit au cultivateur 46 fr.

**229.** — Le boucher vend dans cette semaine : 360 kg.
de bœuf; $58 \times 3$ ou 174 kg. de veau et
$28 \times 5$ ou 140 kg. de mouton.

**230.** — Il y a sur la voiture :
$6 \times 20 = 120$ doubles décalitres.
$12 \times 120 = 1440$ kg.
$2 \times 120 = 240$ fr.

**231.** — 2546 minutes.

**232.** —

| | | |
|---|---|---:|
| 60 Hl de vin à 18f $= 18 \times 60 = 1080$f | | |
| 47 — vendus à 23 $= 23 \times 47 =$ . . . . | | 1081 |
| 13 Hl. de reste à 18 $= 18 \times 13 =$ . . . . | | 234 |
| Gain. . . . . . . . . . . . . . . . | | 28 |
| | | 1343f |

Gain total $1343 - 1080$ ou 262 fr.

233. — 381960 km.

234. — 712992 km.

235. — 2771 fr.

236. — Les machines à vapeur par cheval et par heure
consomment 5 kg. de houille.
1 machine de 28 chevaux consommerait
$5 \times 28$.
1 machine de 28 chevaux, en 6 jours ou $6 \times 24$
heures, consommera $5 \times 28 \times 6 \times 24 = 20160^{kg}$.

---

## EXERCICES SUR LE CALCUL MENTAL

237. — 30 ; — 50 ; — 60 ; — 90 centimes.

238. — 15 ; — 25 ; — 30 ; — 35 ; — 55 ; — 60 centimes.

239. — 20 ; — 40 ; — 45 ; — 70 ; — 75 centimes.

240. — 15 ; — 33 ; — 45 ; — 57 ; — 75 francs.

241. — 56 ; — 96 ; — 112 francs.

242. — 60 ; — 180 ; — 285 ; — 315 kg.

243. — 84 ; — 168 ; — 224 ; — 252 ; — 308 fr.

244. — 88 ; — 352 ; — 396 francs.

245. — 100 ; — 160 ; — 240 ; — 380 ; — 900 francs.

246. — 99 ; — 121 ; — 154 ; — 187 ; — 275 ; — 495 fr.

247. — 31 jours.

248. — 20$^f$ ; — 30$^f$ ; — 48$^f$.

249. — 4$^f$ ; — 8$^f$ ; — 10$^f$ ; — 12$^f$.

250. — $5 + 8 + 4 = 17$ douzaines ; $12 \times 17 = 204$ ;
$204 + 5 + 2 = 211$ pommes.

251. — 5 fr.

**252.** — 488 kg. de regain; — 122 kg. de paille.

**253.** — 960 litres.

**254.** — 600 francs.

**255.** —

| | NOMBRE DE FOIS. | RESTES : |
|---|---|---|
| $a$ | — 3; 4; 6; 7; 6; 9; 9. | — 0; 1; 1; 1; 0; 0; 1. |
| $b$ | — 4; 5; 6; 8; 8; 9; 9. | — 0; 0; 1; 0; 2; 2; 1. |
| $c$ | — 2; 4; 4; 6; 7; 8; 9. | — 0; 1; 3; 0; 1; 1; 1. |
| $d$ | — 1; 1; 3; 4; 4; 5; 7; 8; 9. | — 0; 4; 2; 1; 3; 3; 0; 2; 4. |
| $e$ | — 2; 2; 3; 4; 4; 5; 6; 7; 7. | — 0; 5; 5; 0; 2; 2; 5; 3; 2. |
| $f$ | — 2; 2; 3; 3; 3; 4; 5; 6; 9. | — 0; 2; 0; 2; 5; 4; 6; 3; 2. |
| $g$ | — 1; 1; 2; 3; 4; 5; 6; 7; 8. | — 1; 4; 5; 2; 0; 7; 5; 2; 3. |
| $h$ | — 1; 2; 3; 3; 5; 6; 7; 7; 8. | — 8; 1; 2; 7; 0; 4; 1; 8; 8. |

**256.** — 18; — 106; — 108; — 76; — 94; 120; — 312.

**257.** — 11; — 82; — 89; — 93; — 111; — 99; — 217.

**258.** — 4; — 4; — 4; — 60; — 19; — 26.

**259.** — 4; — 5; — 12; — 145; — 127.

**60.** — 238; — 15; — 131; — 189.

**261.** — 57; — 37; — 277.

**262.** — 8 Hl.

**263.** — 13 tilleuls.

**264.** — 70 fr. par mois.

**265.** — 7 jours.

**266.** — 18 ares.

**267.** — 25 ruches.

**268.** — 15 kilog.

**269.** — 13 Hl.

**270.** — 1136 décès.

**271.** — 8525 naissances.

**272.** — 1113 noms.

**273.** — 24 hectares,

**274.** — 20 kg. environ.

**275.** — 12 à 13 secondes.

**276.** — 1081 jours, ou 3 ans moins 14 jours.

## PROBLÈMES DE RÉCAPITULATION

**277.** — Le manque de travail le lundi donne :
dépense 3ᶠ ; journée perdue 4ᶠ ; $3 + 4 = 7$ fr.
de perte ; le travail du dimanche
donne : gain.. . . . . . . . . . . . . . $\dfrac{2}{5}$

Perte réelle. . . . . . . . . . . . . .

Pour économiser 45 fr. de couchette et 24 fr.
de chaises, il faudra $45 + 24$ ou $69 : 5 = 14$
semaines environ.

**278.** — Si le bois converti en charbon se réduit au
cinquième, il faudra donc 1170 kg. $\times 5$ de
bois ou 5850 et $5850 : 450 = 13$ stères.

**279.** — $1224 : 102 = 12$ sacs.

**280.** — Un brouetteur peut conduire par jour
$70^{kg} \times 65 = 4550^{kg}$ ; d'autre part, la masse de
terre pèse $1925^{kg} \times 51 = 98175^{kg}$ : donc il faudra $98175 : 4550 = 22$ brouetteurs.

**281.** — Si l'on sème en lignes, on répandra en
tout, 165 litres de semence $\times 4 = \quad 660^l$
si l'on sème à la volée, on répandra,
en plus $\qquad 220^l$

Total à la volée : $\qquad 880^l$

Pour 4 Ha. il faut 880 l. ; pour 1 Ha. $880 : 4 = 220^l$

**282.** — 60 francs.

**283.** — Le nombre d'Hl de pommes $= 5000 : 59 = 84$ Hl
et $84 : 6 = 14$ Hl. de cidre.

**284.** — Une machine à vapeur par cheval et par heure
consomme 5 kg. de houille ;
Une machine de 250 chevaux consomme, par
heure, $5 \times 250$ ;
et en 12 jours ou $12 \times 24^h$, elle consommera
$5 \times 250 \times 12 \times 24$ kg.
et $5 \times 250 \times 12 \times 24 : 800 = 450$ m. c.

**285.** — 4 hommes consomment 3 kg. en 1 jour; en 25 jours $3 \times 25 = 75$ kg.; 1 homme consommerait $75 : 4 = 18^k,75$; 96 hommes consomm. $18^k,75 \times 96 = 1800^k$, et $1800 : 75 = 24$ Hl.

**286.** — Une vache pesant 325 kg. consomme en foin, pendant 12 mois. $325 \times 12$, et en 6 mois $325 \times 6$; 14 vaches $325 \times 6 \times 14$ kg. La moitié de leur nourriture $= 325 \times 6 \times 7 = 13650$. Or $13650 : 25 = 546$ ares.

**287.** — $9 \times 26 = 234$ jours. Il gagnait $702 : 234 = 3$ fr. par jour.

**288.** — $24 \times 900 : 75 = 288$ fr.

**289.** — Un porc de 102 kg. ne donne en viande nette que $120 - (102 : 5)$ ou 96 kg. Il faudra donc tuer $1056 : 96 = 11$ porcs.

**290.** — Le 1er mettra $360 : 60$ ou 6 jours à 5 fr.    30
Le 2e     —     $360 : 19$ ou 19 jours à 2 fr.    38

Donc l'offre la plus avantageuse est celle du premier; et on gagnera $38 - 30$, ou 8 fr. en l'acceptant.

**291.** — Il y a donc $15 : 3$ ou 5 Ha en terrain neuf et $15 - 5$ ou 10 Ha en vieux, il faudra pour l'ensemencement de ce champ :

$70 \times 5 = 350$ kg. pour le terrain neuf.
$120 \times 10 = 1200$     —     —     vieux.
Total :     $\overline{1550}$ kg. en tout.

**292.** — $64^{mc}$ à $30^{kg}$ le mètre cube $= 30 \times 64^{kg} = 1920^{kg}$ dans le gerbier $= 1920 : 120 = 16$ sacs.

---

## EXERCICES SUR LE CALCUL MENTAL

**293.** — 3; — 7; — 9; — 12; — 15.

**294.** — 2; — 3; — 5; — 7; — 9; — 11; — 22.

**295.** — 5; — 7; — 8; — 12; — 16; — 32.

296. — 3; — 5; — 8; — 11; — 14; — 15; — 18;
    — 21.

297. — 4; — 6; — 8; — 10; — 13; — 14; — 21.

298. — 4; — 5; — 7; — 9; — 11; — 13; — 24.

299. — 3; — 5; — 7; — 9; — 10; — 12; — 15;
    — 21.

300. — 4; — 6; — 8; — 11; — 16; — 23; — 45.

301. — 3; — 5; — 9.

302. — 14 et 21 volumes.

303. — 12; — 18; 32 mètres.

304. — 4 mètres.

305. — 9; — 11; — 16; — 22; — 33 fois.

306. — 4 ans.

307. — 60 francs.

308. — 15 moutons.

309. — 144 francs.

310. — 3; — 20; — 45.

---

## DIVISIBILITÉ.

Nᵒˢ **311** à **316**. — Solutions en nombre indéterminé.

---

# CHAPITRE III

### NOMBRES DÉCIMAUX

Nᵒˢ **316** à **328**. — Exercices sur la numération des
nombres décimaux.

---

## CALCUL MENTAL.

**328.** — $0^f,10$.

**329.** — $0^f,50$.

**330.** — $2^f$.

**331.** — $15^f$.

**332.** — $0^f,0125$; $0^f,125$.

**333.** — $4^f,50$.

**334.** — $0^f,85$.

**335.** — $1^f,40$.

**336.** — $0^f,95$.

---

## Addition des nombres décimaux.

**337.** — $1278,87$.

**338.** — $31,205199$.

**339.** — $48,886995$,

**340.** — $47^m,20$.

**341.** — $127^f,65$.

**342.** — $59Hl,90$.

**343.** — $97^f,30$.

## CALCUL MENTAL.

**344.** — $0^f,20 + 0^f,05 + 0^f,05 + 0^f,05 = 0^f,35$.

**345.** — $0^f,25 + 0^f,25 + 0^f,20 + 0^f,45 = 1^f,15$.

**346.** — $0^f,05 + 0^f,15 + 0^f,30 + 0^f,25 = 0^f,75$.

**347.** — $0^f,80 + 0^f,50 + 1^f,15 + 1^f,50 + 0^f,20 + 1^f,40 = 5^f,55$.

**348.** — $3^f + 3^f,50 + 0^f,30 + 2^f,40 = 9^f,20$.

---

## Soustraction des nombres décimaux.

**349.** — $11,33$; $-8,75$; $-37,86$; $-20,85$.

**350.** — $26,62$; $-107,385$; $-235,143$.

**351.** — $2353,76$; $-11107,507$; $-40379,561$.

**352.** — $13 Hl 40$.

353. — 7$^{kg}$,395.                360. — 1$^f$,30.
354. — 50$^a$,85.                361. — 3$^f$,60.
355. — 4$^{kg}$,650.                362. — 89$^m$,25.
356. — 0$^{kg}$,542.                363. — 0$^f$,95.
357. — 35$^f$,90.                364. — 0$^m$,40.
358. — 0$^{kg}$,430.                365. — 3$^f$,50.
359. — 1$^f$,05.                366. — 4$^f$,95.

## Multiplication.

367. — 5098,72; — 135,8775; — 439,05375; — 3538,2536.

368. — 19551,78225; — 20,6592; — 6,156; — 482,44.

369. — 2,354976; — 249,9015645; — 2193,4675.

370. — 91$^f$,80.                378. — 165$^m$.

371. — 56$^f$,25.                379. — Les bœufs mar-
                                        chent pendant
372. — 4$^f$,80.                           3$^h$,20 ou 12000″;
                                        ils parcourront
373. — 72$^f$,50.

374. — 19$^f$,85 à 3$^c$ près.         $0^m,75 \times 12000 = 9000^m$;

375. — 6$^f$,55 — 1$^c$ —
                                        la voiture pour-
376. — 12$^f$,30 — 2$^c$ —               ra franchir la
                                        distance.
377. — 30$^f$,65 — 1$^c$ —

380. — Il a fallu 3 journées à 2$^f$,50 = 7$^f$,50
                  $0^f,36 \times 8,90 \times 1^h,80 = 5^f,7672$
       Le soufrage de la vigne coûte     13$^f$,2672
       Soit 13$^f$,25.

381. — $(5,25 + 3,50 + 2,80 + 4,20) \times 52^s = 819$ fr.

382. — 662$^f$,88; — 4032$^{kg}$,52.

383. — 52$^f$,50.

384. — Si le cultivateur avait acheté le foin à la botte,
       il aurait payé 0$^f$,85 × 52 = 44$^f$,20; il aurait
       perdu 44$^f$,20 — 42 = 2$^f$,20.

385. — Le prix de l'ensemencement de 1 Ha est de

$$24^f + 13,50 + (12,60 \times 3,85) = 86^f,01 \; ; \; \text{donc}$$

l'ensemencement de $1^h,35$ coûtera :
$$86^f,01 \times 1,35 \text{ ou } 116^f,10 \text{ à } 1^c \text{ près.}$$

**386. —**                    COMPTE DU LABOUREUR.

1er laboureur $1^{ha},12$ à $26^f$. . . . . . . ci   $29^f.12$
2e et 3e labour. $2^{ha},24$ à $18^f,50$. . . ci   $41^f,44$
8 voyages à $1^f,20$. . . . . . . . . ci   $9^f,60$

Total. . . . . . . . . .   $80^f,16$

Soit $80^f,15$.

COMPTE DU CORDONNIER.

22 j. à $2^f,50$ l'une, ci $55^f + 14 + 9^f,50 = 78^f,50$
Il reste dû au cultivat. $80^f,16 - 78^f,50 = 1^f,66$

**387. —** RECETTES.

Pommes de terre   $3^f,70 \times 2,42 = 8^f,95$
Beurre. . . . . . .   $1^f,60 \times 4,50 = 7^f,20$
Fromage. . . . . .   $0^f,40 \times 7,25 = 2^f,90$
OEufs. . . . . . .   $0^f,55 \times 5 = 2^f,75$
Volaille. . . . . .   $1^j,60 \times 4 = 6^f,40$

Total des recettes.. . . . . . . $28^f,20$

DÉPENSES. $0^f,80 + 1^f,20 =$   $2^f,00$

Excédent des recettes. . . . $26^f,20$

**388. —** Le fermier doit à son meunier :
Mouture $180^k + 145^k$ ou $325^k$ à $1^f,40$
    les $100^k$   ci   $4^f,55$
    —    $320^k$ d'orge à $1^f,10$   ci   $3^f,52$
Achat de $520^k$ de son à $12^f,50$   ci   $65^f,00$

Total . . . . . . . . . . . . $73^f,07$

Soit $73^f,05$.

**389. —**                    FACTURE.

| | fr. | c. |
|---|---|---|
| $3^k,250$ huile d'olive à $1^f,80$. . . . | 5 | 85 |
| $7^k,300$ sucre à $1^f,40$. . . . | 10 | 22 |
| $4^k,500$ bougie à $2^f,20$. . . . | 9 | 90 |
| $0^k,250$ café à $3^f,60$. . . . | 0 | 90 |
| $6^k,600$ savon à $1^f,10$. . . . | 7 | 26 |
| $8^k,500$ sel à $0^f,20$. . . . | 1 | 70 |
| Total. . . . . . . . . . | 35 fr. | 83 |

Soit $35^f,85$.

**390.** — Le nombre des pommiers $= 82 \times 4^{ha},53$ ou 371 à $108^k$ par arbre, $108 \times 371 = 40068^k$ de pommes, à $6^f$ les $100^k$, ce qui donnne :

$0,06 \times 40068 = 2404^f,08$ pour la valeur de la récolte. Soit $2404^f,05$.

**391.** — Poids brut du chargement. . . . . $1748^k$

tare. . . . . . . . .     542

poids net. . . . . .   $\overline{1206^k}$

à $21^f,50$ les $1000^k$, $0^f,0215 \times 1206 = 25^f,929$. Soit $25^f,95$.

**392.** — *Dépenses occasionnées par la construction.*

| | | |
|---|---|---|
| Moellons. . . . . . . . | $1,25 \times 184 =$ | $230^f$ |
| Pierres de taille. . . . | $4,50 \times 12 =$ | $54^f$ |
| Terres à mortier. . . . | $0,50 \times 52 =$ | $26^f$ |
| Sable.. . . . . . . . | $3,50 \times 8 =$ | $28^f$ |
| Chaux. . . . . . . . | $2,50 \times 5 =$ | $12^f,50$ |
| Bois de charpente. . . | $4,50 \times 15 =$ | $67^f,50$ |
| Tuiles . . . . . . . . | $3,25 \times 18 =$ | $58^f,50$ |
| Briques.. . . . . . . | $3,25 \times 5 =$ | $16^f,25$ |

Total. . . . . . . . . . . . . . . . $\overline{492^f,75}$

11 repas à $15^f$. . . . . . ci $15 \times 11 = 165$

Bénéfice fait par le propriétaire. . . . $\overline{327^f,75}$

Gain de chaque voisin $492^f,75 : 10$ ou $49^f,25$ environ sans tenir compte de la nourriture.

CALCUL MENTAL.

**393.** — $3^f,50$.

**394.** — $12^f,60$.

**395.** — $0^f,60$; — $1^f,20$; — $1^f,80$.

**396.** — $141^f,50$.

**397.** — $9^f,60$.

**398.** — $6^f,70$.

**399.** — $3^f,15$.

**400.** — $72^f,60$.

**401.** — Poids brut $120^k$; Tar $12^k = 108^k$ à $1^f,50 = 162$ fr.

## Division des nombres décimaux.

**402.** — 2,14 ; — 6,73 ; — 5,40 ; — 0,15 ; — 2,61.

**403.** — 9,80 ; — 4,18 ; — 0,29 ; — 0,79 ; — 0,88.

**404.** — 13,86 ; — 89,41 ; — 66,99 ; — 0,25 ; — 2105.

**405.** — 0,014 ; — 9,807 ; — 0,930 ; — 80,662.

**406.** — 523,846 ; — 0,871 ; — 2,474.

**407.** — 15,485 ; — 2416,516 ; — 23405,667.

**408.** — 29,40 : 3,50 = 8 paires, reste $1^f,40$.

**409.** — $0^f,75$ par jour.

**410.** — $0^f,237$ le litre.

**411.** — 21 Hl 87.

**412.** — $49^l,18$ à $2^f,60$ l'un, $2^f,60 \times 49,18 = 127^f,86$.

**413.** — 1523 Ha 15.

**414.** — 6 paires plus 1 drap.

**415.** — $15^f,45$.

**416.** — 174 jours.

**417.** — Le paquet de 5 bougies vaut $1^f,20$, une bougie vaudra $1^f,20 : 5 = 0^f,24$ ; le marchand la vendra $0^f,25$ et la personne perdra $0,01 \times 5 \times 24 = 1^f,20$ sur les 24 paquets.

**418.** — $0^f,90 : 6^f = 0^f,15$ de chocolat, plus $10^c$ de lait et de pain, $= 0^f,25$.

**419.** — 1° 26 chemises ; — 2° 7 fr.

**420.** — 230 jours.

**421.** — 49 assises et $0^m,08$.

**422.** — Rente. . . . . . . . . . . . . . . . . . . $280^f$
Prix de son travail $0,40 \times 306 =$ . . . $122^f,40$
Revenu. . . . . . . . . . . . . . . . . . . $202^f,40$
Epargne et logement $35 + 40$. . . . $75^f,00$
Reste. . . . . . . . . . . . . . . . . . . $327^f,40$
Donc, elle peut dépenser $327^f,40 : 365 = 0^f,89$.

**423.** — 1 litre de vin contient $0^f,21$ d'eau-de-vie, mais $\frac{1}{6}$ se perd, il ne reste plus que $0,21 - 0,035 = 0,175$ ; pour 80 litres il faut $80 : 0,175 = 457^l,14$ de vin.

**424.** — Si une bouteille vaut $0^l,80$, 50 litres vaudront $50 : 0,80 = 62$ bout.,5 qui coûtent 11 fr. ; une bout. coûtera $11 : 62,5 = 0^f,176$ ; il gagnera sur une bout. $0,30 - 0,176 = 0,124$, et sur 62 bout. 5 il gagnera $0,124 \times 62,5 = 7^f,75$.

**425.** — Le bénéfice par Ha, en employant le semoir, $= 267 - 165,5 = 101^l,5$ ; pour $12^{ha},8$, on aura $101,5 \times 12,8 = 12$ Hl. 992 à $22^f,50$ l'Hl., ce qui donne $292^f,32$ ; dans 2 ans $584^f,64$. Le cultivateur aura donc économisé, outre le prix du semoir, $84^f,64$. Soit $84^f,65$.

---

# SYSTÈME MÉTRIQUE

## MESURES DE LONGUEUR

### EXERCICES

**426.** — $3^m,36^{cm}$ ; — $1^m,5^{dm}$ ; — $2^m,09^{cm}$ ; — $0^m,45^{cm}$ — $0^m,5^{dm}$.

**427.** — $0^m,08^{cm}$ ; — $0^m,013^{mm}$ ; $0,009^{mm}$ ; — $4^{km},345^m$ ; — $1^{km},42^{Dm}$.

**427 bis.** — $1^{km},018^m$ ; — $3^{km},0095^{dm}$ ; — $0^{km},321^m$ ; — $0^{km},036^m$ ; — $0^{km},008^m$.

**428.** — $0^{km},91^{Dm}$ ; — $0^{km},05^{Dm}$ ; — $0^{km},3264^{dm}$ ; — $0^{km},0056^{dm}$ ; — $0^{km},1^{hm}$.

**429.** — $3^m,54$ ; — $1^m,198$ ; — $6^m,60$ ; — $2^m,018$ ; — $1^m,009$.

**430.** — $5291^m$ ; — $1082^m$ ; — $3006^m$ ; — $1^m,029$ ; — $8500^m$.

**431.** — $0^m,35$; — $0^m,058$; — $0^m,05$; — $0^m,067$; — $0^m,009$.

**432.** — $0^{km},945$; — $1^{km},580$; — $0^{km},092$; — $0^{km},06350$; $3^{km},800$.

**433.** — $1215^m$; — $3380^m$; — $2900^m$.

**434.** — $1065^m$; — $2040^m$; — $4009^m$.

**435.** — $3108^m$; — $2568^m$; — $300^m$.

**436.** — $360^m$; — $609^m$; — $90^m$.

**437.** — $3^{km},658$; — $1^{km},052$; — $6^{km},009$.

**438.** — $0^{km},982$; — $0^{km},205$; — $1^{km},200$.

**439.** — $11^{km}$; — $0^{km},8005$; — $0^{km},0926$.

**440.** — $1^{km},2518$; — $1^{km},0324$; — $0^{km},3517$.

**441.** — $1^{km},671$.

**442.** — $3^{km},589$.

**443.** — $94^m,40$.

**444.** — $15^m,561$.

**445.** — A chaque tour de roue, la voiture avance de $4^m,80$; après 1422 tours, elle avancera de $4,8 \times 1442$ ou $6825^m,6$.

**446.** — $3222^f,40$.

---

# MESURES DE SURFACES

### EXERCICES

**447.** — $2^{mq},25^{dmq}$; — $1^{mq},04^{dmq}$; — $3^{mq},60^{dmq}$; $428^{mq},80^{dmq}$; — $1^{mq},5849^{cmq}$.

**448.** — $1^{mq},0090^{cmq}$; — $0^{mq},08^{dmq}$; — $0^{mq},005880^{mmq}$; $1^a,24^{ca}$; — $12^a,04^{ca}$.

**449.** — $0^a,18^{ca}$; — $1^{ha},15^a$; — $2^{ha},06^a$; — $1^{ha},1120^{ca}$; $6^{ha},30^a$.

**450.** — $0^{ha},78^{c}$; — $1^{ha},0325^{ca}$; — $134^{ha},75^{a}$; — $4137^{kmq},36^{hmq}$; — $6738^{kmq},07^{hmq}$.

**451.** — $3^{mq}$; — $6^{mq},64^{dq}$; — $128^{mq},15^{dmq}$.

**452.** — $2^{mq},09$; — $1^{mq},0850$; — $0^{mq},87$.

**453.** — $0^{mq},09$; — $0^{mq},0896$; — $0^{mq},0019$; — $0^{mq},0008$.

**454.** — $22^{a}$; — $17^{a},15$; — $28^{a},08$; — $0^{a},14$.

**455.** — $16^{ha}$; — $1^{ha},32$; — $3^{ha},07$; — $1^{ha},0086$.

**456.** — $1348^{ha},25$; — $1162^{kmq}$.

**457.** — $2103^{kmq},25$; — $3648^{kmq},09$.

**458.** — $1^{a},25$; — $0^{a},35$; — $1^{a},02$.

**459.** — $15^{a},28$; — $3^{a},06$; — $10^{a},08$.

**460.** — $16^{a},08$; — $0^{a},07$; — $10^{a},90$.

**461.** — $2^{a},10$; — $12^{a}$; — $30^{a}$.

**462.** — $125^{mq}$; — $1830^{mq}$; $306^{mq}$.

**463.** — $36^{mq}$; — $1400^{mq}$; — $145^{mq}$.

**464.** — $1800^{mq}$; — $10000^{mq}$; — $8502^{mq}$.

**465.** — $8^{mq}$; — $10300^{mq}$; — $400^{mq}$.

**466.** — $1^{ha},42$; — $0^{ha},0318$; — $1^{ha},0114$.

**467.** — $0^{ha},1250$; — $1^{ha},1600$; — $0^{ha},0087$.

**468.** — $0^{ha},0605$; — $230700^{ha}$; — $0^{ha},67308$.

**469.** — $563582^{ha}$; — $360003^{ha}$; — $400027^{ha}$.

**470.** — $386^{mq},59$.

**471.** — $26^{a},9100$.

**472.** — $0^{ha},3237$.

**473.** — $8^{ha},7854$.

**474.** — $55^{a},90$.

**475.** — $64389^{kmq},40$.

**476.** — $68000^{f} : 203,60 = 334^{f}$ environ le $^{mq}$.

**477.** — $7^{kg} \times 1,42 = 9^{kg},94$.

**478.** — La surface du pré est $108,50 \times 49,9 = 0^{ha},541415$. Le vendeur recevra donc $8650^f \times 0,541415 = 4683^f,25$ environ.

**479.** — La surface de la chambre plus $1^{mq}$ pour les embrasures $= 4^m,25 \times 5,4 + 1 = 23^{mq},95$; à $6^f$ le mq. $= 143^f,70$.

**480.** — $42 : 88,4 = 0^m,475$.

**481.** — $245^{mq}$ : par la moitié de $140 = 3^m,50$.

**482.** — $8,4 \times 2,8 = 23^{mq},52$ de surface, à raison de 65 tuiles par mq., ce qui donne $65 \times 23,52 = 1529$ tuiles.

**483.** — $60,80 + 47,70 = 108^m,50$, dont la moitié $= 54^m,25$. La surface du trapèze $= 54,25 \times 35,30 = 1915^{mq},025$ ou $0^{ha},1915025$. Le fauchage coûte $6^f,50 \times 0,1915025 = 1^f,25$ environ.

**484** — $48^m,50 \times 8,40 = 407^{mq},40$; l'arrachage coûtera $40^f \times 0,04074 = 1^f,629$.

**485.** — $80,5 \times 12,4 = 998^{mq},20 = 9^a,982$, ce qui donne $280 \times 9,982 = 2795$ pieds.

**486.** — La valeur de la première propriété est :
$$6780 \times 1,55 = 10509^f$$
Celle de la seconde $9200 \times 0,3835 = 3528^f,20$

C'est la première qui a le plus de valeur, et la soulte serait. . . . . $6980^f,80$

**487.** — La surf. de la $1^{re}$ affiche $0^m,92 \times 0,75 = 0^{mq},69$

       —     $2^e$   —    $0^m,20 \times 0,18 = 0^{mq},036$

       —     $3^e$   —    $1^m,20 \times 1,20 = 1^{mq},44$

Les timbres seront de $0^f,15$; $0^f,05$ et $0^f,20$.

**488.** — 6 fenêtres à 6 carreaux ont en tout 36 carreaux, leur surface $= 0,36 \times 0,32 \times 36 = 4^{mq},1472$; les autres $0^m,24 \times 0^m,28 \times 24 = 1^{mq},6128$: Surf. totale des carreaux $4^{mq},1472 + 1^{mq},6128 = 5^{mq},76$ : Le vitrier aura $4^f,25 \times 5,76$, ou $24^f,50$ environ.

**489.** — La surf. des 3 prem. $2,04 \times 1,10 \times 3 = 6^{mq},7320$

       —   des 2 autres $2,10 \times 0,96 \times 2 = 4^{mq},0320$

       Total . . . . . . . . . . . $10^{mq},7640$

Prix de la peinture $0^f,90 \times 10^m,764 = 9^f,69$. Soit $9^f,70$.

**490.** — La chambre a de tour 2 fois $(5,40 + 4,20) = 19,20$, les peintures auront $19,20 - 1,10 = 18^m,10$ à $0^f,50 = 9^f,05$ à payer au menuisier; d'autre part $18^m,10 \times 0^m,14 = 2^{mq},534$ à $0^f,80 = 2^f$, à $2^c$ près, à payer au peintre.

**1.** — $1300^{kg}$ à $3^f,50$ les $100^{kg}$ donnent $3,50 \times 13 = 45^f,50$, plus la plantation, ce qui donne $45,50 + 14^f,50$, ou $60^f$ par hectare. L'ensemencement du champ coûtera :
$$60^f \times 0,5228 \text{ ou } 31^f,368. \text{ Soit } 31^f,35.$$

**2.** — Il faudra $66 : 3,70 = 18$ rouleaux à $0^f,75$ d'achat, plus $0^f,50$ de pose, ou $18 \times 1,25 = 22^f,50$, plus $3^f$ de bordure $= 25^f,50$.

---

# MESURES DE VOLUMES

## EXERCICES.

**93.** — $1^{mc},425^{dmc}$; — $3^{mc},035^{dmc}$; — $2^{mc},040^{dmc}$; — $29^{mc},800^{dmc}$; — $1^{mc},008^{dmc}$.

**94.** — $0^{mc},436$; — $0^{mc},028$; — $0^{mc},600$; — $0^{mc},480$; — $0^{mc},009$.

**95.** — $0^{mc},005428^{cmc}$; — $0^{mc},002430^{cmc}$; — $0^{mc},025600^{cmc}$, $0^{mc},000542^{cmc}$; — $0,000082^{cmc}$.

**96.** — $0^{mc},090008$; — $0^{mc},000300$; — $0^{mc},000470$; — $0^{mc},000620$; — $0^{mc},080^{dmc}$.

**97.** — $2^{mc},247$.

**98.** — $1^{mc},052$.

**99.** — $52^{mc},900$.

**00.** — $1^{mc},007$; — $0^{mc},000418$; — $0^{mc},650$.

**01.** — $42^{dmc}$; — $5^{dcm}$; $341^{dmc},600$.

**02.** — $58^{dmc},461$; — $4^{dmc},135$; — $0^{duc},356$.

**503.** — $0^{dmc},035$; — $0^{dmc},603$; — $0^{dmc},007$; — $2400^{dmc}$; $700^{dm}$

**504.** — $1^{mc}$; — $1^{mc},250$; — $0^{mc},980$.

**505.** — $0^{mc},092$; — $0^{mc},840451$; — $0^{mc},096063$.

**506.** — $0^{mc},047006$; — $0^{mc},007820$; — $0^{mc},003900$.

**507.** — $0^{mc},000845$; — $0^{mc},000650$; — $0^{mc},000900$.

**508.** — $1000^{dmc}$; — $3261^{dmc}$; — $847^{dmc}$.

**509.** — $81^{dmc}$; — $9^{dmc}$; — $400^{dmc}$.

**510.** — $280^{dmc}$; — $3^{dmc},400$; — $0^{dmc},622$.

**511.** — $0^{dmc},056$; — $60^{dmc},080$; — $5^{dmc},308$.

**512.** — $7^{mc},702$.

**513.** — $1^{mc},16008$.

**514.** — $0^{mc},060821$.

**515.** — $75^{dmc},5$.

**516.** — $1003^{dm},445$.

**517.** — $0^{mc},032768$.

**518.** — $449^{f},06$.

**519.** — $2^{st},345$.

**520.** — La surface de la base $= 1 \times 1^{m},10$ ou $1^{mq},10$; le volume, $1^{mc} : 1^{mq},10 = 0^{m},91$ pour la hauteur des montants.

**521.** — $120^{m},4 \times 2,10 \times 0,45 = 113^{mc},778$ à $3^{f},25$, ce qui donne $369^{f},78$, dont le quart est $92^{f},45$ environ pour l'un d'eux.

**522.** — $1,32 \times 1,05 \times 0,80 = 1^{mc},1088$ pour le volume de la pierre; son poids $= 2300^{kg} \times 1,1088 = 2550^{kg},24$ : donc il faudra pour la conduire $2550,24 : 900 = 3$ chevaux.

**523.** — Le volume du cône $= 11^{cmc},780^{mmc}$.

**524.** — Le volume de la sphère $= 0^{mc},14130$.

**525.** — Le volume de la poutre $= 5,30 \times 0,26 \times 0,26 = 0^{mc},358280$; sa valeur est de $80^{f} \times 0,358280 = 28^{f},65$ environ.

**526.** — Le volume $= 0^{mc},739$.

**527.** — 1° Le prix de la peinture est $0^f,80 \times 0,90 \times 3,50 = 2^f,50$ à $1^c$ près; — 2° la circonférence $0^m,90 : 3,14 = 0^m,286$, le diamètre; le rayon $0,143 \times 0,143 \times 3,14 \times 3^m,50 \times 100 = 22^f,55$ pour prix d'achat de la colonne.

**528.** — La surface du cercle intérieur =

$$\frac{1,1}{2} \times \frac{1,1}{3} \times 3.14 = 0^{mq},949850.$$

Id. extér. =

$$\frac{1,40}{2} \times \frac{1,40}{2} \times 3.14 = 1^{mq},538600.$$

Surf. de la courr. de maçonn. $= 8^{mq},588800.$

Le vol. de la maç. $0^{mq},5888 \times 8,6 = 5^{mc},06368.$

Prix de la maçonnerie : $5^{mc},06368 \times 4^f,50 = 22^f,80$ à $2^c$ près.

**529.** — La longueur moyenne est $\dfrac{1,50 + 1,30}{2} = 1^m,40.$

La largeur moyenne est $\dfrac{0,80 + 0,58}{2} = 0^m,69.$

Le volume est $1,40 \times 0,69 \times 0,72 = 0^{mc},695520.$

## MESURES DE CAPACITÉ

### EXERCICES.

**530.** — $54^l$; — $31^l25^{cl}$; — $4^l,5^{dl}$; $1^l,05^{cl}$.

**531.** — $0^l,06^{cl}$; — $10^{lll}$; $2^{lll},55^l$; — $1^{hl},03^l$.

**532.** — $46^l$; — $8^l$; — $6^l,5^{dl}$; — $0^l,06^{cl}$.

**533.** — $4^l,20$; — $2^l,05$; — $1^l,30$.

**534.** — $0^l,31$; — $0^l.08$; — $228^l$.

**535.** — $105^l$; — $1840^l$; — $302^l$.

**536.** — $142^l$; — $106^l$.

**537.** — $1530^l$; — $18^l$.

**538.** — $6^l$; — $3^l,5$.

**539.** — $1130^l$; — $1025^l$.

**540.** — $1^{Hl}$; — $1^{Hl},62$; — $6^{Hl},03$.

**541.** — $1^{Hl},115$; — $12^{Hl},042$; — $20^{lll},06$.

**542.** — $104^{Hl},10$; — $130^{Hl},20$; — $60^{Hl}$.

**543.** — $0^{Hl},59$; — $0^{hl},105$; — $0^{hl},036$.

**544.** — Le mc. vaut 10 Hl. et 50 doubles Dl.

**545.** — $0^r,25$.

**546.** — $290^r,40$.

**547.** — $4^l,50 - 2^l,75 = 1^l,75 = 1750^{cmc}$.

**548.** — La récolte $= 37 \times 0^{Ha},2585 = 9^{lll},5645$.

**549.** — $1^{er}$ cas : $165 \times 0,516 = 85^l,14$; — $2^e$ cas : $220 \times 0,516 = 113^l,52$.

**550.** — $3,8 \times 2,5 \times 2,30 = 21^{mc},850$ ou $218^{lll},50$.

**551.** — $3,50 \times 3 \times 2,20 = 23^{mc},10 = 23100^l$ et $23100 : 230 = 100$ tonn. et $100^l$.

**552.** — $250^{hl} = 25^{mc}$; en divisant $25^{mc}$ par la surface $3 \times 4$ ou $12$, on a la hauteur, $25 : 12 = 2^m,08$ de profondeur.

**553.** — $751^l,81$.

---

## POIDS



**554.** — $455^g$; — $2^g,51^{cg}$; — $1^g,08^{cg}$; — $1^g,6^{dg}$.

**555.** — $0^g,21^{cg}$; — $0^g,09^{cg}$; — $0^g,3^{dg}$; — $0^g,025^{mg}$.

**556.** — $0^g,105^{mg}$; — $0^g,008^{mg}$; — $5^{kg},325^g$; — $2^{kg},036^g$.

**557.** — $1^g,005^{mg}$; — $0^{kg},451^g$; — $0^{kg}068^g$; — $164^{gk},5^{Hg}$.

**558.** — $36^g$; — $105^g$; — $10800^g$.

**559.** — $8^g,45$; — $0^g,28$; — $103500^g$.

**560.** — $1^g,08$; — $0^g,087$; — $2018^g$.

**561.** — $3000^g$; — $1251^g$.

**562.** — $1040^g$; — $35300^g$.

563. — 1008$^g$ ; — 658$^g$.

564. — 45$^g$ ; — 6$^g$.

565. — 1$^{kg}$ ; — 1$^{kg}$,325.

566. — 1$^{kg}$,048 ; — 1$^{kg}$,005.

567. — 1$^{kg}$,200 ; — 18,$^{kg}$069.

568. — 0$^{kg}$,609 ; — 0$^{kg}$,098.

569. — 280$^g$.

570. — 85$^{kg}$.

571. — 950 + 32 = 982$^{kg}$ poids du corps.

572. — 1$^{kg}$ ; — 100$^{kg}$ ; — 1000$^{kg}$.

573. — 1$^{dmc}$,6.

574. — 1000 : 78 = 12$^{lll}$,82.

575. — Le produit du miel = 1$^f$,80 × 6 × 12 = 129$^f$,60
  —     de la cire = 4$^f$ × 0,5 × 12 =   24$^f$

Total des 12 ruches. . . . . . . . 153$^f$,60

576. — 3$^{kg}$,500  de luzerne à 1$^f$,20. . . . . .     4$^f$,20
  9$^{kg}$,250 de trèfle incarnat à 0$^f$,70. . .     6 ,475
  0$^{kg}$,500 de betteraves à 0$^f$,90. . . . .     0 ,45
  0$^{kg}$,250 de carottes à 2$^f$,80. . . . . .     0 ,70
  0$^{kg}$,125 de choux-raves à 3$^f$,20. . . .     0 ,40
  0$^{kg}$,125      —      ordinaires à 3 . . .     0 ,375
  0$^{kg}$,125 de raves à 3$^f$,20. . . . . . . .     0 ,40

Total. . . . . . . . . . . . .     13$^f$ , 00

577. — Vache de 1$^{er}$ ordre :
  Dépense. . . .   27$^{kg}$ × 365 × 0.075 =  739$^f$,125
  Rendement. .   0$^f$,3 × 10 × 365  = 1095$^f$.

Bénéfice annuel. . . . . . . . . . .   355$^f$,875

  Soit 355$^f$,85.

Vache du 2$^e$ ordre :
  Dépense. . . .     16 × 365 × 0,075 = 438 .
  Rendement. .   0,3 × 365 ×  7   = 766 ,50

Bénéfice annuel. . . . . . . . . . .   328 ,50
Bénéfice en nourrissant une vache de 1$^{er}$ ordre
  355,85 — 328 .50 = 27$^f$,35.

**578.** — $\dfrac{79 \times 5}{3} = 131$ pains de $3^{kg}$ et 1 de $2^{kg}$.

**579.** — La quantité de paille $= 12,5 - 8$ ou $4^{kg}.5 \times 2 = 9^{kg}$.

**580.** — Si les bœufs ne mangeaient que du foin, un seul mangerait en 38 jours $4,30 \times 5 \times 38 = 817^{kg}$ de foin ; mais il mange $8^{kg}$ de pommes de terre par jour, en 38 jours il mange $38 \times 8 = 304^{kg}$ qui valent $30400 : 260 = 116^{kg}$ de foin. Donc un bœuf ne consomme en foin que $817 - 116 = 701^{kg}$ à $7^f.50$ les $100^{kg} = 52^f,57$, plus $304^{kg}$ de pommes de terre à $3^f,50$ les $100^{kg} = 10^f,64$ ; donc, un bœuf dépense $52,57 + 10,64 = 63^f,21$, et deux $126^f,30$ ; environ.

**581.** — Il y a perte de $1^f,10$ par $260^{kg}$ de pommes de terre qui ne produisent pas plus de matières nutritives que $100^{kg}$ de foin.

---

# MONNAIES

### EXERCICES.

**582.** — 1 centime pèse $1^g$ ; 250 cent. pèseront $250^g$.

**583.** — $1^o\, 5 \times 100 = 500^g$ ; $2^o\, 32^g,258$ ; $3^o\, 100 \times 100 = 10^{kg}$.

**584.** — $5250^g = 5250$ cent. $= 54^f,50$.

**585.** — $830 : 5 = 166^f$.

**586.** — $5^g$ en argent valent $1^f$ ; $1^{kg}$ vaut $200^f$, et $3^{kg}$ $200 \times 3 = 600^f$ ; en or. les $3^{kg}$ valent $600 \times 15,5 = 9300$.

**587.** — $20 \times 50 + 10 \times 42 + 5 \times 12 = 1480^f$ en or, dont le poids est $\dfrac{1480 \times 5}{15,5} = \qquad\qquad 477^g,42$

$5 \times 3 + 2 \times 6 = 27^f$ en argent, dont le poids est $27 \times 5 = 135^g$, ci $\qquad\qquad 135^g,00$

Le sac contient $1480 + 27 = 1507^f$, et pèse. . . . . . . . . . . . . . . . . $612^g,42$

**588.** — 1000 : 20 et 1000 : 10 donnent 50 p. de 20 fr. et 100 p. de 10 fr.

**589.** — 500 : 5 = 100 pièces de 5 fr.

**590.** — 5$^f$ pèsent 25$^g$ dont les 0,9 en argent ou 22$^g$,5   et 2$^g$5 en cuivre
2$^f$ — 10   0,835 —   8 ,35   et 1,65 —
0$^f$,50 — 2,5   0,835 —   2 ,0875 et 0,4125 —
Total. . . . . . . . . 32$^g$,9375 et 4$^g$5625

En argent, 32$^g$,9375 ; — en cuivre, 4$^g$,5625 ; — en tout, 37$^g$,50.

**591.** — 4,5 × 0,2 × 0,2 = 0$^{mc}$,18 à 85$^f$ le mc. = 15$^f$,30 et 15$^f$,30 + 2,50 = 17$^f$,80.

**592.** — 120$^m$ × 2 = 240$^m$. Le prix du mètre de tuyaux et pour le placement est 0$^f$,06 + 0$^f$,30 = 0$^f$,36. Le drainage coûtera 0$^f$,36 × 240 = 86$^f$,40.

**593.** — 2 × 5 = 10 heures par semaine ; 10 × 52 = 520 heures par an. La somme épargnée par an est 0$^f$,20 × 520 = 104$^f$.

**594.** — Perte de 24$^{hl}$ de froment à 21$^f$,50 l'$^{hl}$   516
— 42000$^{kg}$ de luzerne à 78$^f$ les 1000$^k$   3276
Perte totale. . . . . . . . . . . 3792
Gain, 50 journées à 9$^f$,50. . . . . . . . . 475
Perte réelle en négligeant les travaux des champs. . . . . . . . . . . 3317$^f$

## MESURES DU TEMPS

### EXERCICES.

**595.** — 1° Lorsqu'on dit qu'un enfant est né le 19 juin 1869, on doit entendre :
. . . . . . . . . . . . . 1868$^a$ 5$^m$ 19$^j$
et le 21 mars 1867. . . . . . 1866$^a$ 2$^m$ 21$^j$
Différence d'âge. . . . . . . 2$^a$ 2$^m$ 28$^j$
2° Le 1$^{er}$ aura, le 25 juillet 1900, 33 ans, 4 mois, 4 j.
3° Le 2$^e$ aura 31 ans, 1 mois, 6 jours.

**596.** — 6 heures.

**597.** — $7^h,15'$.

**598.** — $10^h,50'$.

**599.** — $16^h,17'$.

**600.** — $14^h,26'$.

**601.** — $9^h,27'$.

**602.** — $4^j$ $14^h$ $5'$.

**603.** — XVIII ; — XXXIV ; — CXX ; — CVII ; — CCIII ; CCLI.

**604.** — CCCV ; — MDC ; — MDCCC ; — MDCCCXLVII ; MDCCCLXIX ; — MDCCCLXXXI.

**605.** — 43 ; — 201 ; — 195 ; — 305 ; — 400 ; — 401.

**606.** — 604 ; — 1501 ; — 1499 ; — 1655 ; — 1858.

**607.** — 1864 ; — 1869 ; — 1881.

**608.** — 1903 ; — 1925 ; — 2004 ; — 2060.

**609.** — 1950 ; — 1945 ; — 1960 ; — 1959.

---

## FRACTIONS ORDINAIRES.

**610.** — $\frac{1}{2}$ ; $\frac{1}{3}$ ; $\frac{8}{9}$ ; $\frac{11}{12}$ ; $\frac{115}{121}$ ; $\frac{3}{7}$ ; $\frac{31}{41}$ ; $\frac{8}{23}$ ; $\frac{9}{11}$ ; $\frac{29}{30}$ ; $\frac{8}{9}$ ; $\frac{17}{20}$.

**611.** —

**612.** — $\frac{4}{4}$ ; $\frac{9}{9}$ ; $\frac{28}{28}$ ; $\frac{6}{6}$ ; $\frac{11}{11}$.

**613.** — $\frac{8}{5}$ ; $\frac{7}{5}$ ; $\frac{25}{24}$ ; $\frac{4}{3}$ ; $\frac{62}{27}$ ; $\frac{36}{18}$ ; $\frac{12}{6}$ ; $\frac{7}{3}$ ; $\frac{14}{13}$ ; $\frac{22}{21}$.

**614.** — $\frac{17}{5}$ ; $\frac{44}{9}$ ; $\frac{56}{3}$ ; $\frac{39}{7}$ ; $\frac{47}{2}$.

**615.** — $4\frac{4}{6}$ ; $2\frac{5}{7}$ ; $4\frac{4}{5}$ ; $3\frac{1}{4}$ ; $1\frac{2}{6}$ ; $9\frac{2}{3}$.

**616.** — $5\frac{2}{9}$ ; $2\frac{15}{19}$ ; $1\frac{30}{41}$ ; $17\frac{10}{13}$ ; $12\frac{39}{44}$.

## PROPRIÉTÉS PRINCIPALES DES FRACTIONS.

**617.** — $\frac{1}{9}$; $\frac{2}{9}$; $\frac{4}{9}$; $\frac{5}{9}$; $\frac{7}{9}$; $\frac{8}{9}$; $\frac{3}{9}$.

**618.** — $\frac{11}{21}$; $\frac{11}{17}$; $\frac{11}{16}$; $\frac{11}{14}$; $\frac{11}{13}$; $\frac{11}{11}$.

## SIMPLIFICATION DES FRACTIONS.

**619.** — $\frac{1}{2}$; $\frac{1}{3}$; $\frac{14}{17}$.

**620.** — $\frac{7}{8}$; $\frac{28}{85}$; $\frac{26}{27}$.

**621.** — $\frac{19}{34}$; $\frac{7}{11}$; $\frac{186}{223}$.

**622.** — $\frac{158}{175}$; $\frac{10}{11}$; $\frac{63}{190}$.

## RÉDUCTION DES FRACTIONS AU MÊME DÉNOMINATEUR.

*Simplifier d'abord, s'il y a lieu.*

**623.** — $\frac{46}{69}$; $\frac{63}{69}$.

**624.** — $\frac{8}{12}$; $\frac{0}{12}$.

**625.** — $\frac{56}{119}$; $\frac{51}{119}$.

**626.** — $\frac{91}{208}$; $\frac{48}{208}$.

**627.** — $\frac{16}{36}$; $\frac{9}{36}$.

**628.** — $\frac{9}{12}$; $\frac{4}{12}$.

**629.** — $\frac{15}{14}$; $\frac{18}{24}$; $\frac{8}{24}$.

**630.** — $\frac{99}{132}$; $\frac{96}{132}$; $\frac{44}{132}$.

**631.** — $\frac{8}{12}$; $\frac{3}{12}$; $\frac{5}{12}$.

**632.** — $\frac{1015}{2436}$; $\frac{2088}{2436}$; $\frac{488}{2436}$.

**633.** — $\frac{2548}{2744}$; $\frac{882}{2744}$; $\frac{1176}{2744}$.

**634.** — $\frac{11}{33}$; $\frac{17}{33}$; $\frac{12}{33}$.

**635.** — $\frac{40}{60}$; $\frac{45}{60}$; $\frac{24}{60}$; $\frac{20}{60}$.

**636.** — $\frac{2016}{3360}$; $\frac{2240}{3360}$; $\frac{2400}{3360}$; $\frac{1575}{3360}$.

## ADDITION DES FRACTIONS.

**637.** — $\frac{32}{12} = 2\frac{8}{12} = 2\frac{2}{3}$.

**638.** — $\frac{1101}{2520} = 4\frac{931}{2520}$.

**639.** — $83\frac{291}{140} = 85\frac{11}{140}$.

**640.** — $259\frac{94}{36} = 261\frac{11}{18}$.

641. — $13 \frac{733}{140} = 18 \frac{83}{140}$.

642. — $70 \frac{475}{344} = 71 \frac{131}{344}$.

643. — 39 jours $\frac{1}{3}$.

644. — Les $\frac{29}{72}$.

645. — Il a perdu $\frac{3}{4} + \frac{1}{5} + \frac{1}{3} + \frac{5}{6} + \frac{1}{4}$ de jour $=$
$$\frac{142}{60} = 2 \text{ jours } \frac{11}{30}.$$

646. — En 1 jour le 1$^{\text{er}}$ ouvrier fait $\frac{1}{11}$, le 2$^{\text{e}}$ $\frac{1}{10}$, le 3$^{\text{e}}$ $\frac{1}{12}$
Les 3 ouvriers feront ensemble en un jour
$$\frac{1}{11} + \frac{1}{10} + \frac{1}{12} = \frac{181}{660} \text{ du déblai.}$$

## SOUSTRACTION DES FRACTIONS.

647. — $\frac{3}{20}$.

648. — $\frac{6}{35}$.

649. — $\frac{2}{45}$.

650. — $\frac{13}{35}$.

651. — $\frac{13}{42}$.

652. — $\frac{1}{80}$.

653. — $\frac{1}{12}$.

654. — $\frac{23}{60}$.

655. — $\frac{31}{48}$.

656. — $1 \frac{1}{42}$.

657. — $\frac{1}{21}$.

658. — $\frac{1}{3}$.

659. — $2 \frac{1}{12}$.

660. — $1 \frac{1}{10}$.

661. — $1 \frac{18}{28}$.

662. — $1 \frac{59}{126}$.

663. — $\frac{47}{10}$.

664. — $43 \frac{7}{11}$.

665. — En une heure, le robinet emplirait le bassin au $\frac{1}{3}$ et la soupape en viderait le $\frac{1}{4}$; donc en somme il restera, après 1 heure, $\frac{1}{3} - \frac{1}{4} = \frac{1}{12}$ du bassin.

## MULTIPLICATION DES FRACTIONS.

666. — $1\frac{3}{5}$; $1\frac{2}{3}$.

667. — $1\frac{5}{7}$; $1\frac{1}{4}$.

668. — $\frac{8}{10}$; $\frac{5}{9}$.

669. — $\frac{32}{45}$; $\frac{48}{119}$.

670. — $\frac{38}{77}$; $\frac{165}{266}$.

671. — $\frac{15}{63}$; $\frac{9}{11}$.

672. — $\frac{7}{15}$; $\frac{1}{42}$.

673. — $\frac{8}{51}$; $1\frac{19}{45}$.

674. — $1\frac{1}{15}$; $17\frac{1}{3}$.

675. — $17\frac{2}{7}$; $1\frac{14}{15}$.

676. — Si $\frac{3}{7}$ de la dette $= 147$ fr., $\frac{1}{7}$ égalera 3 fois moins, ou $\dfrac{147}{3}$, et $\frac{7}{7}$ ou la dette entière $= \dfrac{147 \times 7}{3} = 343$ fr.

677. — Le 2$^e$ ouvrier ne fait en 1 jour que les $\frac{5}{6}$ de ce que fait le 1$^{er}$, c'est-à-dire les $\frac{5}{6}$ de $\frac{2}{9}$; or le $\frac{1}{6}$ de $\frac{2}{9} = \dfrac{2}{9 \times 6}$, et les $\frac{5}{6} = \dfrac{2 \times 5}{9 \times 6}$; en 3 jours, 3 fois plus $= \dfrac{2 \times 5 \times 3}{9 \times 6} = \frac{5}{9}$ de l'ouvrage.

## DIVISION DES FRACTIONS.

678. — $\frac{3}{10}$; $\frac{2}{5}$.

679. — $\frac{36}{5} = 7\frac{1}{5}$; $\frac{20}{3} = 6\frac{2}{3}$.

**680.** — $\frac{15}{8} = 1\frac{7}{8}$ ; $\frac{2}{3}$.

**681.** — $\frac{32}{35}$ ; $\frac{15}{72} = \frac{5}{24}$.

**682.** — $\frac{54}{88} = \frac{27}{44}$ ; $\frac{90}{90} = 1$.

**683.** — $\frac{18}{30} = \frac{3}{5}$ ; $\frac{120}{77}$.

**684.** — $\frac{8}{18} = \frac{4}{9}$ ; $\frac{5}{18}$.

**685.** — $\frac{65}{56} = 1\frac{9}{56}$ ; $\frac{16}{9} = 1\frac{7}{9}$.

**686.** — $\frac{5}{9}$ ; $\frac{44}{65}$.

**687.** — $\frac{51}{8} = 6\frac{3}{8}$ ; $\frac{21}{215}$.

**688.** — 0,62 ; 0,44 ; 0,66 ; 0,71.

**689.** — 0,727 ; 0,750 ; 0,444 ; 0,846.

**690.** — $\frac{1}{8}$ ; $1\frac{1}{3}$ ; $1\frac{2}{3}$ ; $2\frac{1}{3}$.

**691.** — $1\frac{1}{4}$ ; $2\frac{1}{4}$ ; $2\frac{3}{4}$.

**692.** — $\frac{1}{15}$ ; $\frac{1}{20}$ ; $\frac{1}{25}$ ; $\frac{1}{6}$.

**693.** — $2$ ; $\frac{8}{15}$ ; $\frac{1}{4}$.

**694.** — $3$ ; $\frac{24}{25}$ ; $\frac{2}{5}$.

**695.** — Si $\frac{9}{7} = 432$, $\frac{1}{7} = \frac{432}{9}$, et le nombre entier, ou $\frac{7}{7}$

$$\frac{432 \times 7}{9} = 336.$$

**696.** — Si $\frac{1}{2} + \frac{1}{4} + \frac{1}{5}$ ou $\frac{19}{20} = 418$, $\frac{1}{20} = \frac{418}{19}$, et le nombre entier ou $\frac{20}{20} = \frac{418 \times 20}{19} = 440$.

**697.** — Perdre 1 heure $\frac{1}{4}$ par jour, c'est perdre en 306 jours $1\frac{1}{4}$ ou $\frac{5}{4} \times 306 = \frac{1530}{4} = 382$ heures $\frac{1}{2}$ ou $382^h,50$ à $0^r,30$ l'heure $= 382,5 \times 0,3 = 114^c,75$.

D'autre part, on aura en journées de 12 heures 382 heures $\frac{1}{2} : 12 = 31$ jours $\frac{7}{8}$.

———

## RÈGLES DE TROIS.

**698.** — $100^{kg}$ coûtent $135^f$, $1^{kg}$ coûtera $1^f,35$, $8^{kg},500$ coûteront $1,35 \times 8,5 = 11^f,45$ environ.

**699.** — La grosse, ou 12 douzaines, coûte $4,80$ ; 1 douzaine coûtera $4,80 : 12 = 0^f,40$. On revend le crayon $0^f,05$, ou la douzaine $0,60$, on gagne donc $0^f,20$ par douzaine.

**700.** — Si 40000 ceps produisent $21^{hl}$ ou $2100^l$, un seul en produira $\dfrac{2100}{40000}$, et 100, $\dfrac{2100 \times 100}{40000} = 5^l,25$.

**701.** — 1° $100^{kg}$ de farine absorbent $31^l$ d'eau, $1^{kg}$ absorbera $0,31$, et $58^{kg}$, $0,31 \times 68 = 19^l,14$ ; 2° $100^{kg}$ de farine donnent $133^{kg}$ de pain, $1^{kg}$ donnera $1,33$, et $58^{kg}$ $1,33 \times 58 = 77^{kg},14$.

**702.** — $5^{mc}$ de maçonnerie exigent $6^{mc}$ de pierre et $2^{mc}$ de mortier, $1^{mc}$ exigera $\frac{6}{5}$ de pierre et $\frac{2}{5}$ de mortier, et un mur de $25^m$ de longueur, $2^m,10$ de hauteur et $0^m,45$ d'épaisseur, ou $25 \times 2,10 \times 0,45 = 23^{mc},625$, exigera $\dfrac{6 \times 23,625}{5}$ de pierre et $\dfrac{2 \times 23,625}{5}$ de mortier, ou $28^{mc},350$ de pierre et $9^{mc},450$ de mortier.

**703.** — La surface d'un pavé $= 16 \times 14$, celle de 3600 ou de la cour $= 16 \times 14 \times 3600$ ; la surface d'un des nouveaux pavés $= 20 \times 18$ ; or, autant de fois cette surface sera contenue dans celle de la cour, autant il faudra de pavés, ou $\dfrac{16 \times 14 \times 3600}{20 \times 18} = 2240$ pavés.

## RÈGLES D'INTÉRÊT.

### TAUX 5 %.

**704.** — $0^f,50$; — $1^f$; — $2^f,50$ — $4^f$.

**705.** — $6^f$; — $6^f,50$; — $12^f,50$.

**706.** — $3^f,025$; — $6^f,29$.

**707.** — $\dfrac{5 \times 320 \times 6}{100 \times 12} = 8^f$; — $\dfrac{5 \times 250,40 \times 6}{100 \times 12} = 6^f,26$.

**708.** — $\dfrac{5 \times 2540,60 \times 123}{100 \times 360} = 43^f,40$.

### TAUX 4 %.

**709.** — $0^f,40$; — $0^f,80$; — $2^f$, — $3^f,20$.

**710.** — $4^f,80$; — $5^f,20$; — $10^f$.

**711.** — $2^f,42$; — $5032$.

**712.** — $6^f,40$; — $5^f,008$.

**713.** — $34^f,72$.

### TAUX 4 ½ %.

**714.** — $0^f,45$; — $0^f,90$; — $2^f,25$; — $3^f,60$.

**715.** — $5^f,40$; — $5^f,85$; — $11^f,25$.

**716.** — $2^f,72$; — $5^f,66$.

**717.** — $7^f,20$; — $5^f,63$.

**718.** — $39^f,05$.

### TAUX 4 ¼ %.

**719.** — $0^f,425$; — $0^f,85$; — $2^f,125$; — $3^f,40$.

**720.** — $5^f,10$; $5^f,525$; — $10^f,625$.

**721.** — 2$^f$,57 ; — 5$^f$,34.

**722.** — 6$^f$,80 ; — 5$^f$,32.

**723.** — 36$^f$,88.

### TAUX 3 %.

**724.** — 0$^f$,30 ; — 0,60 ; — 1$^f$,50 ; — 2$^f$,40.

**725.** — 3$^f$,60 ; — 3$^f$,90 ; — 7$^f$,50.

**726.** — 1$^f$,81 ; — 3$^f$,77.

**727.** — 4$^f$,80 ; — 3$^f$,75.

**728.** — 26$^f$,03.

### TAUX 3 $\frac{1}{2}$ %.

**729.** — 0$^f$,35 ; — 0$^f$,70 ; — 1$^f$,75 ; — 2$^f$,80.

**730.** — 4$^f$,20 ; — 4$^f$,55 ; — 8$^f$,75.

**731.** — 2$^f$,11 ; — 4$^f$,40.

**732.** — 5$^f$,60 ; — 4$^f$,38.

**733.** — 30$^f$,37.

---

### EXERCICES.

**734.** — Sur 375$^f$, le gain a été de 35 fr. ; sur 1$^f$, il a été de $\dfrac{35}{375}$, et sur 100$^f$ de $\dfrac{35 \times 100}{375} = 9^f,35$ environ.

**735.** — 120$^f$ par mois, c'est la même chose que $120 \times 12$ ou 1440$^f$ par an ; or 5$^f$ sont l'intérêt de 100$^f$ après 1 an, 1$^f$ le sera de $\dfrac{100}{5}$, et 1440$^f$ de

$$\frac{100 \times 1440}{5} = 28800^f.$$

**736.** — Ce qui a coûté 100$^f$ doit être revendu 120$^f$ ; ce qui a coûté 1$^f$ sera revendu $\dfrac{120}{100}$, et ce qui a coûté $11^f,50$, $\dfrac{120 \times 11,5}{100} = 13^f,80$.

**737.** — Ce qui a été revendu $115^f$ avait coûté $100^f$, ce qui a été revendu $1^f$ avait coûté $\dfrac{100}{115}$, et ce qui a été revendu $2^f$ avait coûté $\dfrac{100 \times 2}{115} = 1^f,75$ à $1^c$ près.

**738.** — $280^f 50$ à $2^c$ près.

**739.** — Le premier versement de $6^f$ reste placé à intérêt composé pendant 10 ans, le deuxième pendant 9 ans, le troisième pendant 8 ans, et ainsi de suite, le dixième pendant 1 an. Il suffira donc de calculer séparément, suivant la méthode ordinaire, ce que devient chacun des versements après le temps pendant lequel il est resté placé. La somme des versements et de leurs intérêts après 10 ans $= 77^f,04$. Recevant $84^f$, il a plus reçu qu'il n'a déboursé.

**740.** — $100^f$, après 3 ans, donnent, au taux de $4\frac{1}{2}$, $13^f,50$. Donc $13,50$, après 3 ans, viennent de $100^f$, $1^f$ viendra de $\dfrac{100}{13,50}$, et 84 viendront de $\dfrac{100 \times 84}{13,50} = 622^f,20$ à $2^c$ près.

**741.** — $100^f$, pour rapporter $3^f$, doivent être placés pendant 360 jours.

| | | |
|---|---|---|
| $1^f$ | $3$, devrait | $360 \times 100$, |
| $1^f$ | $1^f$ | $\dfrac{360 \times 100}{3}$, |
| 850 | $1^f$ devraient | $\dfrac{360 \times 100}{3 \times 850}$, |
| 850 | 102 | $\dfrac{360 \times 100 \times 102}{3 \times 850}$, |

$= 1440$ jours $= 4$ ans.

**741 *Suite.* —**     AUTRE MÉTHODE.

$850^f$ rapportent dans un an $\dfrac{850 \times 3}{100} = 25^f,50$ ; autant de fois 25,50 seront contenus dans 102, autant d'années, ou $\dfrac{102}{25,5} = 4$ années.

---

## RÈGLE D'ESCOMPTE.

**742. —** $10^f,53$.

**743.**

| | | | | |
|---|---|---|---|---|
| $42^m$ | poutrelles, à. . . | $11^f,50$ | 483 | » |
| $220^m$ | pl. de chêne. . . | 0 ,68 | 149 | 60 |
| $650^m$ | — peuplier, à | 0 ,23 | 149 | 50 |
| $120^m$ | — sapin, à. . | 0 ,30 | 36 | |
| | | | 818 | 10 |
| | Remise, 2 % | | 16 | 36 |
| | Net à payer. . | | 801 | 74 |

Soit $801^f,75$.

**744.**

| | | | | |
|---|---|---|---|---|
| 958 | kg. blé   les 100 kg. à | 26,5 | 253 | 87 |
| 235 | — seigle   — | 18,75 | 44 | 06 |
| 420 | — orge   — | 19,50 | 81 | 90 |
| 1280 | — avoine   — | 18,25 | 233 | 60 |
| 40 | — luzerne   — | 160 | 64 | |
| 70 | — trèfle   — | 128 | 89 | 60 |
| | | | 767 | 03 |
| | Escompte, 2 % | | 15 | 34 |
| | Payant comptant, net | | 751 | 69 |

En payant comptant, on se prive de l'intérêt de $751^f,69$ pendant 3 mois, c'est-à-dire de
$$\frac{751,69 \times 4 \times 3}{100 \times 12} = 7^f,51.$$
Donc, en profitant de l'escompte, on paye réellement après trois mois $751^f,69 + 7,51$ ou $759,20$,

$7^f,83$ de moins qu'en payant simplement au bout de trois mois. Il y a donc avantage à profiter de l'escompte.

**745.** — DOIT LE PROPRIÉTAIRE:

| | | | | | | | |
|---|---|---|---|---|---|---|---|
| $65^{kg},500$ | bœuf | le kg. à | $1^f,30$ | 85 | 15 | | |
| $38^{kg}$ | veau | — | 1 ,25 | 47 | 50 | | |
| $29^{kg},500$ | mouton | — | 1 ,40 | 41 | 30 | | |
| 3 | têtes de veau, l'une à | | 2 ,50 | 7 | 50 | | |
| | | | | 181 | 45 | | |
| | Remise de $1\frac{1}{2}$ %. . . | . . . | | 2 | 72 | | |
| | | | | | | 178 | 73 |

DOIT LE BOUCHER:

| | | | | | | | |
|---|---|---|---|---|---|---|---|
| 4 | moutons | à | $35^f$ | 140 | | | |
| 1 | bœuf gras | | | 480 | | 620 | |
| | Redoit le boucher. . | . . . | | | | 441 | 27 |

Soit $441^f 25$.

---

# PARTAGES PROPORTIONNELS, RÈGLES DE SOCIÉTÉ

**746.** — Les 2 ouvriers gagnent ensemble $6^f,50$ par jour. Sur $6,50$, le premier ouvrier a 3 fr., sur 1 fr. il aura $\dfrac{6,50}{3}$, et sur 230 $\dfrac{6,50 \times 230}{3}$

$= 106^f,15$ ; le $2^e$ $\dfrac{6,50 \times 230}{3} = 123^f,85$.

**747.** — Les 3 ouvriers ont travaillé, le $1^{er}$ 45 jours $\frac{3}{4}$ ou $\dfrac{549}{12}$, le $2^e$ 40 jours $\frac{1}{4}$ ou $\dfrac{483}{12}$, et le $3^e$ 30 jours $\frac{2}{3}$ ou $\dfrac{368}{12}$, les 3 ensemble $\dfrac{1400}{12}$ ; or pour $\dfrac{1400}{12}$ de jour on paye 350$^f$, pour $\dfrac{1}{12}$ on payera $\dfrac{350}{1400}$,

et pour $\dfrac{549}{12}$ on payera $\dfrac{350 \times 549}{12} = 137^f,25$;

pour $\dfrac{483}{12}$, $\dfrac{350 \times 483}{12} = 120^.,75$; pour $\dfrac{368}{12}$,

$\dfrac{350 \times 368}{1400} = 92^f$.

Le 1$^{er}$ recevra 137$^f$25, le 2$^e$ 120$^f$.75, et le 3$^e$, 92$^f$.

**748.** — Sur 311124 hommes, on en appelle 100,000,

sur 1 homme on appellera $\dfrac{100000}{311124}$, sur 2847,

$\dfrac{100000 \times 2847}{311124} = 916$ hommes, sur 197

$\dfrac{100000 \times 197}{311124} = 64$ hommes.

Le contingent du département sera de 916 hommes; celui du canton de 64 hommes.

**749.** — Le 1$^{er}$ fermier a conduit 7 vaches pendant 6 mois ou 42 vaches pendant 1 mois; le 2$^e$, 8 pendant 5 mois, plus 3 pendant 2 mois, ou 46 vaches pendant 1 mois; le 3$^e$, 6 vaches pendant 5 mois $\frac{1}{2}$, ou 33 vaches pendant 1 mois; le 4$^e$, 8 vaches pendant 6 mois ou 48 vaches pendant 1 mois; en tout, 169 vaches pendant 1 mois : or, pour 169 vaches on a payé 120$^f$, pour 1 on payera $\dfrac{120}{169}$, et pour 42,

46, 33, 48, on payera $\dfrac{120 \times 42}{169} = 29^f,82$,

$\dfrac{120 \times 46}{169} = 32^.,66$, $\dfrac{128 \times 33}{169} = 23,43$, et $\dfrac{120 \times 48}{169}$

$= 34^.,08$.

Le 1$^{er}$ fermier devra donner 29$^f$,80, le 2$^e$ 32$^.$,65, le 3$^e$ 25$^.$,45, et le 4$^e$ 34$^f$,10.

**750.** — Pour une créance de 24300 + 17500 + 15000 + 11400 + 10200$^f$, ou de 78400, on ne reçoit que 39700$^f$, pour 1$^f$ on ne recevra que $\dfrac{39700}{78400}$, pour 100, $\dfrac{39700 \times 100}{78400} = 50^f,637$; et pour 24300, 1750, 15000, 11400, 10200, on recevra $\dfrac{39700 \times 24300}{78400}$, etc.; même raisonnement que le problème précédent. Le 1$^{er}$ créancier aura 12304$^f$,95, le 2$^e$ 8861$^f$,60, le 3$^e$ 7595$^f$,65, le 4$^e$ 5772$^f$,70, le 5$^e$ 5165$^f$,05 : chacun a reçu 50$^f$,637 pour °/₀.

---

# RÈGLES DE MÉLANGE, RÈGLES D'ALLIAGE.

**751.** — 6 sacs de farine à 51$^f$,50 le sac = 309$^f$.
      5                 53$^f$,50          267$^f$,50
      11 sacs             valent    576$^f$,50
Si sur 100$^f$ on doit gagner 20$^f$, sur 1$^f$ on devra gagner 20 : 100 = 0$^f$,20, et sur 576$^f$,50, 0$^f$,20 × 576,5 = 115$^f$,30; donc on doit revendre les 11 sacs de farine 576$^f$,50 + 115$^f$,30 = 691$^f$,80, et un sac 691$^f$,80 : 11 = 62$^f$,89. Soit 62$^f$,90.

**752.** — Si l'on prend un litre à 0$^f$,45, on gagne 0$^f$,05; si l'on prend un litre à 0$^f$,60, on perd 0$^f$,10. Pour que le gain compense la perte, il faudra prendre 2 litres à 0,45 quand on prendra 1 à 0,60. Il suffira donc de partager 200 litres proportionnellement à 2 et 1, ce qui donne 133$^l$,33 à 0,45 et 66$^l$,66 à 0,60.

**753.** — Il suffit de partager 3 kg. proportionnellement aux nombres 65 et 35. ce qui donne 1$^{kg}$,95 de cuivre, et 1$^{kg}$,05 de zinc.

**754.** — On aura la solution de la première question en partageant 12 kg. proportionnellement aux nombres 95, 4 et 1. Pour la deuxième, on sait que 95 kg. de cuivre demandent 4 kg. d'étain, que 1 kg. de cuivre demande $\dfrac{4}{95}$ d'étain, et que, par conséquent, 2124$^{k}$,500 de cuivre demanderont $\dfrac{4 \times 2124,5}{95} = 89^{kg},452$ d'étain ; et l'on a les deux réponses suivantes :

1° 11$^{kg}$,40 de cuivre, 0$^{kg}$,48 d'étain et 0$^{kg}$,12 de zinc.

2° 89$^{kg}$,452 d'étain.

---

## RÈGLE D'ÉCHÉANCE MOYENNE.

755. — 120$^{m}$,25.

756. — Le fermier a vendu $500 + 200 + 100 = 800$ kg. de blé pour 191$^{f}$,50, le prix moyen de 100 kg. sera donc $\dfrac{191,50}{800} = 23^{f},93$. Soit 23$^{f}$,95.

757. — 250 fr. après 3 mois rapportent autant d'intérêts que $250 \times 3$ ou 750 après 1 mois ; 200 fr. après 8 mois, autant que 1600 après un mois, et le reste 350 fr., après 12 mois, autant que 4200 fr. après 1 mois ; donc $750 + 1600 + 4200 = 6550$ rapportant autant en 1 mois que 800 fr. dans un temps à déterminer. Or, si 6550 fr. sont 1 mois pour rapporter une certaine somme, 1 fr. serait $1 \times 6550$, et 800 fr. $\dfrac{1 \times 6550}{800} = 8$ mois 6 jours.

## EXERCICES SUR LE TANT POUR CENT.

**758.** — $5^f,50 \%$ de $375 = 20^f,12 +$ le décime $2,61 = 28^f,73$. Soit $28^f75$.

Ou bien, $5^f,50 +$ le décime $0,55 = 6,05 \%$ de $375 = 28^f,73$ Soit $28^f75$.

**759.** — $2^f,86.$

**760.** — $38^f,40.$

**761.** — L'industriel perd $12 \%$ de $25800$ fr. ou $\dfrac{25800 \times 12}{100}$. A $9^f,40$ les $100$ kg., il perd $0^f,094$ par kg.

Il perd par conséquent $\dfrac{25800 \times 12 \times 0,094}{100} = 291^f$ environ.

**762.** — En ne traitant ses pommes de terre qu'en avril, il perd $2 \%$ de $56500$ kg. ou $\dfrac{56500 \times 2}{100}$. A $23^f,50$ les $100$ kg., il perd $0^f,235$ par kg.

Il perd donc $\dfrac{56500 \times 2 \times 0,235}{100} = 265^f,55.$

---

## FONDS PUBLICS, CAISSES D'ÉPARGNE.

**763.** — Si $3$ fr. de rente coûtent $67,40$, $1$ fr. coûtera $\dfrac{67,40}{3}$ et $850$ coûteront $\dfrac{67,40 \times 850}{3} = 19096^f,66 + 1/8 \%$ de cette somme $23^f,85 + 1^f,50$ de timbre $= 19122^f$ à $1^c$ près.

**764.** — $1200$ fr., $4^f,50 \% =$

|  |  |
|---|---:|
|  | $25733^f,33$ |
| $1/8 \%$ | $32,17$ |
| Timbre | $1,50$ |
| $1200$ fr. de rente coûteront. . . . | $25767^f$ |

**765.** — Le prix $59^f,20$ de la rente 3 % doit être augmenté de 1/8 % du prix de vente pour frais de commission ou de $\frac{1}{800}$ de 59,20, c'est-à-dire de $\frac{59,2}{800} = 0,074$ ; donc le prix de 3 fr. de rente sera $59,20 + 0,074 = 59^f,274$. D'autre part, sur les 5000 fr. on prélève 0,5, reste $4999^f,50$.

Si pour $59^f,274$ on a 3 fr. de rente, pour 1 fr. on aura $\frac{3}{59,274}$, et pour $4999^f,50$ on aura $\frac{3 \times 4999,50}{59,274} = 253$ fr. de rente, reste 0,72.

En effet, 253 fr. de rente 3 % au cours 59, 274 donnent $\frac{59,274 \times 253}{3} = 4998,78$ retranchés de $4999,50 = 0^f,72$ pour reste.

RÉPONSE. — 253 fr. de rente, $0^f,72$ à reverser.

**766.** — Même raisonnement que pour le problème précédent, excepté pour le prix du timbre qui est de $1^f,50$, puisque la somme dépasse 10000 fr.

BORDEREAU.

| | |
|---|---:|
| 729 fr. de rente 4 1/2 % à $98^f,60$ | 15973,20 |
| courtage 1/8  — | 19,96 |
| timbre | 1,50 |
| A reverser | 5,33 |
| Total égal . . . . . . . . . . . | 15999,99 |

**767.** — Si $68^f,60$ rapportent 3 fr., 1 fr. rapportera $\frac{3}{68,60}$, et 100 fr. $\frac{3 \times 100}{68,60} = 4^f,37$.

On place donc son argent à $4^f,37$ %.

**768.** — $4^f,62$ %.

**769.** — Le 3 % au cours $66,30 = 4,52$ %.
Le 4 —       —       $96,40 = 4,66$ —
Donc le 4 % au cours 96,40 est plus avantageux.

## RACINE CARRÉE.

770. — 1, 2, 3, 5, 7, 8, 9.

771. — 9, reste 3 ; 16, reste 5 ; 25, reste 9 ; 36, reste 9 ;
49, reste 11 ; 64, reste 14.

772. — 11 ; 15 ; 71.

773. — 36 ; 95 ; 125.

774. — 24 ; 54 ; 158.

775. — 137 ; 326 : 1116.

776. — 4,2 ; — 6,6 ; — 1,28.

777. — 11,2 ; — 19,4 ; — 2,5.

778. — 36,8 ; — 0.70 ; — 0,6.

779. — 0,4 ; — 0,18 ; — 0,079

780. — 0,44 ; — 1,61.

781. — 0,33 ; — 0,41.

782. — 0,24 ; — 0,84.

783. — 6,40 ; — 25,19.

784. — 6,34 ; — 7,15.

785. — 7,92 ; — 0,52.

786. — 0,58 ; — 0,79.

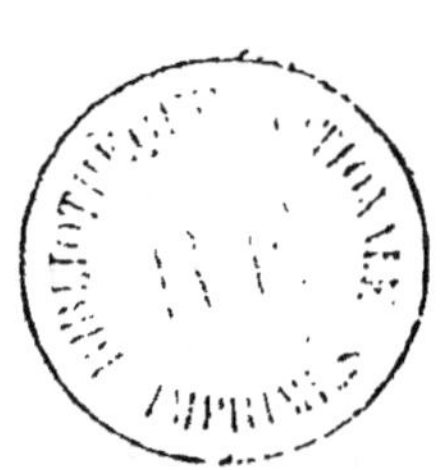

Paris. — Imprimerie VIÉVILLE et CAPIOMONT, rue des Poitevins, 6.